Monika
Neubacher-Fesser

Transparente Fensterbilder

Schöne Motive zur Weihnachtszeit

CHRISTOPHORUS
BRUNNEN-REIHE

Seit mehr als 30 Jahren steht der Name „Christophorus“ für kreatives und künstlerisches Gestalten in Freizeit und Beruf. Genauso wie dieser Band der Brunnen-Reihe ist jedes Christophorus-Buch mit viel Sorgfalt erarbeitet: Damit Sie Spass und Erfolg beim Gestalten haben – und Freude an schönen Ergebnissen.

ISBN 3-419-55987-9

Lektorat: Maria Möllenkamp, Freiburg
Styling und Fotos: Roland Krieg, Waldkirch
Zeichnungen: Monika Neubacher-Fesser
Umschlaggestaltung: Network!, München
Produktion: Print Production, Umkirch
Druck: Freiburger Graphische Betriebe, 1998

Christophorus
Bücher mit Ideen

Inhalt

3 Bald ist Weihnachten!
4 Die Technik

6 Lok & Weihnachtsbaum
8 Schaukelpferdchen
10 Engelchen
12 Weihnachtsmann
14 Elch
16 Schneemänner
18 Apfelmännchen
20 Kleiner Rabe
22 Pinguin
24 Winterdorf
26 Nikolaus
28 Känguruh
30 Hubschrauberpilot

Bald ist Weihnachten!

Wer hat da nicht Lust, seine Wohnung zu schmücken? Fensterbilder sind immer sehr beliebt – und zur Weihnachtszeit, in der das Licht eine besondere Rolle spielt, haben transparente Fensterbilder ihren ganz speziellen Reiz.
Die bunten Transparentpapiere beginnen im Gegenlicht erst richtig zu strahlen. Die Motive leuchten aber auch dann in farbigem Schein, wenn sich die Sonne an einem grauen Wintertag einmal gar nicht sehen lassen will. Lassen Sie sich von dem Farbenspiel und natürlich den neuen Motiven in eine frohe, weihnachtliche Stimmung versetzen!
In diesem Büchlein werden neben traditionellem Engel, Weihnachtsbaum oder Schneemännern auch witzige Motive rund um Weihnachten gezeigt. Der Weihnachtsmann taucht hier natürlich auf – einmal fliegt er im Hubschrauber, einmal bringt er Tanne und Stern vorbei, und anschließend ruht er sich auf seinem großen Sack aus. Ein Apfelmännchen kann Ihr Fenster schmücken oder lieber ein netter Rabe?
Alle Motive sind recht groß angelegt. So verschönern sie plakativ und dekorativ Ihr Fenster. Außerdem sind große Motive in dieser Technik viel leichter zu fertigen als kleine. Jüngere Kinder können mit Hilfe der Vorlagen ihre eigenen weihnachtlichen Fensterbilder basteln. Sie schneiden ihre Motive aus selbstklebenden Transparentfolien aus und kleben sie ans Fenster.

Ich wünsche Ihnen viel Freude beim Basteln, Schmücken und natürlich beim Anschauen Ihrer neuen Fensterbilder!

Monika Neubacher-Fesser

Die Technik

Übertragen der Motive

Alle Motive finden Sie in Originalgröße auf den Vorlagebögen. Sie können das gewünschte Motiv direkt auf Tonkarton durchpausen: Vorlage und Tonkarton mit Büroklammern zusammenheften und Kohlepapier dazwischenschieben. Alle Linien mit einem harten Stift nachzeichnen.

Ausschneiden

Zum Ausschneiden den *Tonkarton* auf eine dicke Unterlage (Karton oder Kunststoff) legen und mit dem Cutter zuerst die Außenkonturen, dann die Innenkonturen ausschneiden. Dabei von innen nach außen schneiden. Das Messer sollte immer zu den Ecken der Spitzen des Motivs hingeführt werden. Rundungen werden mit dem Cutter in mehreren kurzen Absätzen geschnitten. Dabei das Messer nicht aus dem Papier herausziehen. Das Papier am besten in die Schnittführung hineindrehen.
Beim Arbeiten mit der Schere zuerst in die Mitte der auszuschneidenden Fläche einstechen und von hier aus, evtl. in mehreren Teilstücken, exakt an den Pauslinien entlang schneiden.

Kinder sollten aus Sicherheitsgründen nicht mit dem Cutter arbeiten, sondern eine Schere verwenden.
Wenn Sie ein Fensterbild doppelseitig arbeiten wollen, müssen Sie das Motiv zweimal ausschneiden. Legen Sie dazu zwei Stück Tonkarton übereinander und befestigen Sie sie mit Büroklammern.

Das *Transparentpapie*r in der gewünschten Farbe über die zu beklebende Innenfläche legen. Mit einem Stift diesen Bereich so großzügig umranden, daß die Schnittkanten etwa in der Mitte der umgebenden Tonkartonstege verlaufen. Das angezeichnete Papierstück entsprechend ausschneiden. Die Tonkartonstege mit einem gut haftenden Klebstoff (z. B. UHU extra) einstreichen und das Transparentpapier festkleben.

Fertigstellung

Zum Aufhängen der Fensterbilder nehmen Sie am besten schwarze oder weiße Nähseide oder einen Perlonfaden. Dafür bei einem einfach gearbeiteten Bild mit einer dünnen Nadel den Rahmen durchstechen, einen Faden durchziehen und das Fadenende anknoten. Bei einem doppelt gearbeiteten Bild kann der Faden vor dem Zusammenkleben zwischen die beiden Tonkartonrahmen gelegt werden.

Lok & Weihnachtsbaum

Material

- **selbstklebende Transparentfolie, 50 cm breit, in Grün, Gelb, Rot, Blau, Weiß**
- **Folienstift**

Vorlagen

A und B

Das können schon die Kleinsten: Motive aus farbigen, selbsthaftenden Transparentfolien ausschneiden und ans Fenster kleben.

1 Die Folie mit der Rückseite nach oben auf die Vorlage legen und die Umrisse des Motivs in der entsprechenden Farbe mit einem Folienstift nachziehen.

2 Die Motivteile ausschneiden. Die Folienträger abziehen, die Teile zuordnen und an das Fenster kleben.

Tip:
Bei den Fenstern der Eisenbahn mit einer spitzen Schere ein Loch in die Mitte der Rechtecke einstechen und dann die Öffnung herausschneiden.

Schaukelpferdchen

Material
- **Tonkarton in Schwarz**
- **Transparentpapier in Weiß, Rot, Braun, Blau, Orangegelb**

Vorlage C

❶ Das Motiv nach der Vorlage auf schwarzen Tonkarton durchpausen. Zunächst an allen Außenlinien entlang ausschneiden, dann die Innenflächen herausschneiden.

❷ Die Transparentpapiere passend zuschneiden und die Flächen hinterkleben: den Schwanz und die Mähne in Braun, den Sattel in Blau, das Fell in Weiß und die Kufe in Rot.

❸ Die Flecken auf dem Fell aus orangegelbem, das Bäckchen aus rotem Transparentpapier zuschneiden, die gestrichelten Linien auf der Vorlage geben die Größe vor. Flecken und Bäckchen mit Klebestift auf der Vorderseite aufkleben.

❹ Das Auge aus schwarzem Tonkarton ausschneiden und auf der Vorderseite aufkleben.

❺ Den Stern von der Vorlage sechsmal auf schwarzen Tonkarton durchpausen und ausschneiden. Die Innenflächen von drei Sternen mit orangegelbem Transparentpapier hinterkleben. Jeweils einen zweiten Stern gegengleich fixieren. Dabei einen Aufhängefaden mit einkleben. Die Sterne mit einer Nadel an den auf der Vorlage markierten Stellen an den Kufen des Schaukelpferdes befestigen. Zum Schluß einen Aufhängefaden anbringen.

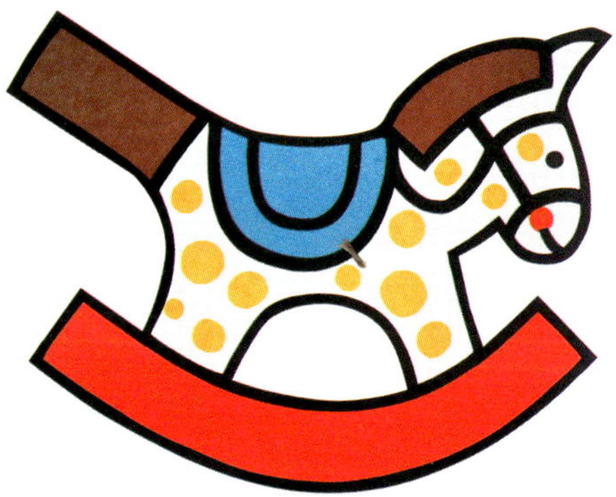

Engelchen

Material
- **Tonkarton in Schwarz**
- **Transparentpapier in Weiß, Orangegelb, Rosa, Pink**
- **Regenbogen-Transparentpapier in Rot-Lila, Gelb-Orange**

Vorlage D

1. Das Motiv nach der Vorlage auf schwarzen Tonkarton durchpausen. Den Stern noch viermal zusätzlich übertragen. Zunächst an allen Außenlinien entlang ausschneiden, dann die Innenflächen herausschneiden.

2. Die Transparentpapiere passend zuschneiden und die entsprechenden Flächen hinterkleben: Die Haare und die vier Sterne mit Orangegelb, das Gesicht mit Rosa und die Flügel mit Weiß. Für zwei der Sterne Regenbogen-Transparentpapier im Farbverlauf Gelb-Orange, für den Kragen im Farbverlauf Rot-Lila verwenden.

3. Aus schwarzem Tonkarton die Augen, die Nase und den Mund ausschneiden und vorne auf das Transparentpapier kleben. Für die Bäckchen Kreise aus pinkfarbenem Transparentpapier mit Klebestift auf der Vorderseite des Gesichts fixieren.

4. Die separaten Sterne doppelt arbeiten: Mit orangegelbem Transparentpapier hinterkleben und einen zweiten Stern deckungsgleich fixieren. Die Sterne mit dünnem Faden am Kragen des Engels befestigen. Zum Schluß einen Aufhängefaden anbringen.

Weihnachtsmann

Material

- **Tonkarton in Schwarz**
- **Transparentpapier in Weiß, Rot, Rosa, Lila, Braun, Orangegelb**

Vorlage E

➊ Das Motiv nach der Vorlage auf schwarzen Tonkarton durchpausen. Zunächst an allen Außenkanten entlang ausschneiden, dann die Innenflächen herausschneiden.

➋ Die Transparentpapiere passend zuschneiden und die Stiefel mit Braun, Hose, Mantel und Mütze mit Rot hinterkleben. Bart und Pelzbesatz in Weiß gestalten, die Handschuhe in Lila, das Gesicht in Rosa. Den Sack mit orangegelbem, dessen Kordel mit rotem Transparentpapier hinterkleben.

➌ Aus rotem Transparentpapier die Nase ausschneiden und mit Klebestift vorne auf das Gesicht kleben.

➍ Aus schwarzem Tonkarton die Augen ausschneiden und auf der Vorderseite fixieren. Zum Schluß einen Aufhängefaden anbringen.

Elch

Material

- **Tonkarton in Schwarz**
- **Transparentpapier in Braun, Rot, Weiß, Orangegelb, Zitronengelb**

Vorlage F

❶ Das Motiv von der Vorlage auf schwarzen Tonkarton durchpausen. Zunächst an allen Außenkanten entlang ausschneiden, dann die Innenflächen herausschneiden.

❷ Die Transparentpapiere passend zuschneiden und die Flächen hinterkleben: den Elch mit Braun, das Geweih mit Orangegelb, die Sterne mit Zitronengelb, den Schal und die Mütze mit Rot, die Krempe und die Bommel mit Weiß.

❸ Aus schwarzem Tonkarton die Augen und die Nasenlöcher zurechtschneiden und auf der Vorderseite aufkleben. Zum Schluß einen Aufhängefaden anbringen.

Schneemänner

Material

- **Tonkarton in Schwarz**
- **Transparentpapier in Weiß, Hellblau, Rot, Orange, Orangegelb, Hellgrün, Pink, Dunkelblau**

Vorlage G

1 Das Motiv nach der Vorlage auf schwarzen Tonkarton durchpausen.

2 Zunächst den Rahmen außen ausschneiden, dann alle Innenflächen herausschneiden.

3 Die Flächen mit passend zugeschnittenen Transparentpapieren hinterkleben: Schneemänner und Wiese mit Weiß, die Nasen und die Bommel mit Orange, den Hut mit Dunkelblau, das Hutband mit Orangegelb. Für die Mütze rotes Transparentpapier, für die Schals pinkfarbenes und hellgrünes Transparentpapier verwenden. Den Himmel mit Hellblau hinterkleben.

4 Aus schwarzem Tonkarton die Augen, die Münder und die Knöpfe ausschneiden. Die Nasen mit orangefarbenem Transparentpapier hinterkleben und zusammen mit den Augen, Mündern und den Knöpfen auf das Transparentpapier kleben. Zum Schluß einen Aufhängefaden anbringen.

Apfelmännchen

Material

- **Tonkarton in Schwarz**
- **Transparentpapier in Rot, Lila, Gelb**

Vorlage H

❶ Das Motiv nach der Vorlage auf schwarzen Tonkarton durchpausen.

❷ Das Apfelmännchen zunächst an den Außenlinien entlang ausschneiden, dann die Innenflächen herausschneiden.

❸ Die Transparentpapiere passend zuschneiden. Den Apfel und den Hut mit Rot, die Schleife mit Lila, den Walnußkopf mit Gelb hinterkleben.

❹ Die Augen, den Mund und die Knöpfe aus schwarzem Tonkarton ausschneiden und auf der Vorderseite aufkleben. Die Nase aus rotem Transparentpapier ausschneiden und mit Klebestift auf der Vorderseite des Gesichts fixieren. Zum Schluß einen Aufhängefaden anbringen.

Kleiner Rabe

Material
- **Tonkarton in Schwarz**
- **Transparentpapier in Rotbraun, Weiß**
- **Regenbogen-Transparentpapier in Orange-Gelb**

Vorlage I

❶ Das Motiv nach der Vorlage auf schwarzen Tonkarton durchpausen.

❷ Den Raben und das Herz zunächst an den Außenlinien ausschneiden, dann die Innenflächen herausschneiden. Dabei das schwarze Federkleid des Raben stehenlassen.

❸ Die Transparentpapiere passend zuschneiden. Schnabel und Füße mit Regenbogen-Transparentpapier im Verlauf Orange-Gelb hinterkleben. Den Verlauf des hinteren Fußes etwas dunkler wählen. Das Auge mit weißem und das Herz mit braunem Transparentpapier hinterkleben.

❹ Das Auge und die Mandel aus schwarzem Tonkarton ausschneiden und auf der Vorderseite aufkleben. Zum Schluß einen Aufhängefaden anbringen.

Pinguin

Material

- **Tonkarton in Schwarz**
- **Transparentpapier in Rot, Pink, Weiß, Orangegelb, Dunkelblau**
- **Regenbogen Transparentpapier in Gelb-Orange**

Vorlage J

1. Den Pinguin und die Sterne nach der Vorlage auf schwarzen Tonkarton durchpausen.

2. Zunächst entlang den äußeren Linien ausschneiden. Anschließend die Innenflächen herausschneiden.

3. Die Flächen mit passend zugeschnittenen Transparentpapieren hinterkleben: den Schnabel, die Füße und die Kerzenflamme mit Orangegelb, den Bauch und das Auge mit Weiß, den Schal mit Rot und Pink und die Kerze mit Dunkelblau. Hinter den Sternen orangegelbes oder Regenbogen-Transparentpapier im Verlauf Gelb-Orange anbringen. Zum Schluß einen Aufhängefaden am Pinguin anbringen.

Winterdorf

Material

- **Tonkarton in Schwarz**
- **Transparentpapier in Weiß, Braun, Orangegelb, Hellgrün, Dunkelgrün, Dunkelblau, Rot**

Vorlage K

1. Das Motiv von der Vorlage auf schwarzen Tonkarton übertragen und entlang der Außen- und dann der Innenkonturen ausschneiden. Die Fenster zur Seite legen.

2. Die Flächen mit passend zugeschnittenen Transparentpapieren hinterkleben: die Wiese und die Dächer mit Weiß, die Häuser mit Rot, Hell- und Dunkelgrün und Blau. Die Türen mit Braun hinterkleben, die Schornsteine mit Rot.

3. Die Fenster und die Innenflächen ausschneiden, auf die Vorderseite der Transparentpapiere kleben. Von der Rückseite mit dem Cutter die Innenflächen der Fenster vorsichtig herausschneiden. Die Fenster nun mit orangegelbem Transparentpapier hinterkleben. Zum Schluß einen Aufhängefaden anbringen.

Nikolaus

Material
- **Tonkarton in Schwarz**
- **Transparentpapier in Rot, Weiß, Rosa, Orangegelb, Lila, Pink, Braun, Dunkelgrün**

Vorlage L

❶ Das Motiv von der Vorlage auf schwarzen Tonkarton durchpausen.

❷ Den Weihnachtsmann entlang den Außenlinien ausschneiden, dann die Innenflächen herausschneiden.

❸ Die Transparentpapiere passend zuschneiden und hinter die entsprechenden Flächen kleben: Mütze und Mantel mit Rot, Bart, Bommel und Pelzbesatz mit Weiß, den Stern mit Orangegelb und die Tanne mit Dunkelgrün. Die Handschuhe mit Lila, die Stiefel und den Baumstamm mit Braun hinterkleben.

❹ Aus rotem Transparentpapier die Nase, aus pinkfarbenem die Bäckchen ausschneiden und von hinten mit Klebestift auf das Gesicht kleben.

❺ Aus schwarzem Tonkarton die Augen und die Knöpfe zurechtschneiden und auf der Vorderseite anbringen.

❻ Zum Schluß einen Aufhängefaden befestigen.

Känguruh

Material

- **Tonkarton in Schwarz**
- **Transparentpapier in Orangegelb, Hellgrün, Rot, Weiß, Braun, Pink**
- **Regenbogen-Transparentpapier**

Vorlage M

❶ Das Motiv nach der Vorlage auf schwarzen Tonkarton durchpausen.

❷ Zunächst an allen Außenkanten entlang ausschneiden, dann die Innenflächen herausschneiden.

❸ Die Transparentpapiere passend zuschneiden: das Känguruh mit Braun, die Mütze mit Rot, die Krempe und die Bommel mit Weiß hinterkleben. Die Geschenke in Orangegelb und Hellgrün gestalten. Für den Schal Regenbogen-Transparentpapier im Querverlauf zurechtschneiden und hinterkleben.

❹ Aus pinkfarbenem Transparentpapier das Bäckchen ausschneiden und von hinten mit Klebestift auf das Gesicht kleben.

❺ Aus schwarzem Tonkarton das Auge ausschneiden und auf der Vorderseite des Gesichts fixieren.

❻ Zum Schluß einen Aufhängefaden anbringen.

Hubschrauberpilot

Material

- **Tonkarton in Schwarz**
- **Transparentpapier in Rot, Weiß, Dunkelgrün, Hellgrün, Rosa, Orangegelb, Hellblau**

Vorlage N

1. Das Motiv nach der Vorlage auf schwarzen Tonkarton abpausen und zunächst entlang den äußeren Linien ausschneiden.

2. Anschließend die Innenflächen herausschneiden.

3. Den Weihnachtsmann im Fenster und die kleinen Sterne mit passend zugeschnittenen Transparentpapieren hinterkleben: die Sterne mit Orangegelb, den Mantel und die Mütze mit Rot, den Bart, die Bommel und die Krempe mit Weiß und das Gesicht mit Rosa. Den Hubschrauber mit Dunkelgrün gestalten. Die Fensterfläche mit Hellgrün, den Propeller und die Streifen am Hubschrauber mit Hellblau hinterkleben.

4. Aus rosafarbenem Transparentpapier die Nase ausschneiden und von hinten mit Klebestift auf dem Gesicht anbringen.

5. Aus schwarzem Tonkarton das Auge und den Mund des Weihnachtsmannes ausschneiden und auf der Vorderseite fixieren. Zum Schluß einen Aufhängefaden anbringen.

Neben dieser Auswahl aus der Brunnen-Reihe haben wir noch viele andere Bücher im Programm. Wir informieren Sie gerne - fordern Sie einfach unsere neuen Prospekte an:

- <u>Bücher für Ihre Kinder:</u> Basteln, Spielen und Lernen mit Kindern
- <u>Bücher für Ihre Hobbys:</u> Stoff und Seidenmalerei, Malen und Zeichnen, Keramik, Floristik
- <u>Bücher zum textilen Handarbeiten:</u> Sticken, Häkeln und Patchwork

3-419-55989-5

3-419-55985-2

3-419-55991-7

3-419-55910-0

3-419-55909-7

Wir sind für Sie da, wenn Sie Fragen zu AutorInnen, Anleitungen oder Materialien haben. Und wir interessieren uns für Ihre eigenen Ideen und Anregungen. Faxen, schreiben Sie oder rufen Sie uns an. Wir hören gerne von Ihnen! Ihr Christophorus-Verlag

Hermann-Herder-Str. 4 / 79104 Freiburg i. Breisgau

CHRISTOPHORUS
Bücher mit Ideen

Tel: 0761/2717-268 oder Fax: 0761/2717-35